平面广告·C1

鲁迅美术学院
美术教育教程

LUXUNMEISHUXUEYUAN
MEISHUJIAOYUJIAOCHENG

黑龙江美术出版社

主　　编：李泽浩

副 主 编：黄亚奇　齐　鸣　王文倩
　　　　　张春新　胡　蓉

编　　委：李泽浩　黄亚奇　齐　鸣
　　　　　王文倩　张春新　张　平
　　　　　郑宗秀　晏　阳　王敬致
　　　　　关　捷　杨　杰　孙　悦
　　　　　陈桂芝　韩晓曼　许　欣
　　　　　毕学军　林　栋　刘　宣
　　　　　姜　黎　宋恩军

封面设计：贾儵溧　李惠军

版式设计：王文倩　黄亚奇　韩　婕

摄　　影：吴　洪　李志刚

编　　务：张树燕　常庆伟　郭　玲
　　　　　尹光平

目　　录

序

鲁迅美术学院院长 教授 韦尔申

在即将迎来鲁迅美术学院建院 60 周年之际，我院美术教育系也将迎来重建后的 15 周年纪念日。在此时出版这套《美术教育教程》也就具有特殊的意义。

鲁迅美术学院美术教育系重建于 1982 年。随着学院整体综合办学实力的提高，美术教育系的教学、创作、科研的总体实力也有了长足的进步。目前已形成了有专科、本科、研究生、留学生和成人教育等多层次、较为完整的美术教育体制。全日制在校生人数已达到三百名，目前已成为全院第一大系。从 1982 年至今已为国家培养一千二百多名美术教育师资，为我们美术教育事业的发展做出了重要贡献。

由于我国师范性质的美术教育尚处在发展时期，适合于当代中国国情的、成熟的美术教育体系还没有形成，因此，在其培养模式上已成为多年来争论的焦点。众所周知，设在美术学院里的美术教育专业的培养方向主要是中学、中师、大学的美术教育师资，而不是专门的美术创作和设计人才。基于这个前提，许多美术教育界的同仁都发表了不少见仁见智的看法和意见。归纳起来其争论主要还是围绕着什么是"师范性"而展开的。有的同志明确地提出，所谓的师范性的显著特点就是"眼高手低"。即美术教育专业主要应侧重艺术鉴赏力和艺术理论以及文化水平的培养，不必过于注重实际的绘画水平。美术教师的主要职责是培养和提高学生的审美素质（相当一部分学生是非美术专业），而不是进行艺术创作或设计。因而良好的艺术理论基础和欣赏水平是十分重要的。同时也不用担心因为有较强的绘画或设计水平而"跳槽",可以安心于教育岗位。

这一观点应该说有许多可取之处。一方面针对美术教师文化理论普遍不高的状况强调教师的综合素质的重要性;另一方面把美术教育专业同其他专业,美术教师与职业画家有所侧重地做出区别。但持不同观点的同志则认为太绝对化,提出"眼高"的获得是否一定要以"手低"为代价?达不到一定绘画和设计水平的人能成为一个称职的好老师吗?

随着时间的推移,这些争论虽然都已成为过去,而各个院校都在按照自己的方式在教育实践中不断地摸索和探究着。我院美术教育专业也根据自己的实际情况进行了一系列有益的尝试。

近年来由于社会的发展,经济体制的转轨以及大学招生、分配制度的改革,使原有的教育体制和办学模式受到冲击,面临着许多新的情况和问题。针对上述情况,我们不能不重新思考原有的专业方向、教学安排和课程设置等方面的问题,我们认为,设在美术院校的美术教育专业,除了有其师范教育自身的规律和特点外,还有其艺术教育中共性的一面。在加强学生理论素养、文化水准和艺术鉴赏力的同时,还要尽可能地提高他们的实际艺术表现能力,使他们将来在课堂上不但要能讲,而且还要能画,还能进行艺术创作,做到眼高手不低。只有这样他们才能成为合格的老师。因此,我院美术教育系在反复论证的基础上,吸收了工作室教学的一些特点,搞了油画、国画教学试点班,这样极大地调动起老师教和同学学的积极性,取得了良好的教学效果,最后他们以优异的成绩向全院作了汇报,在社会上也引起了强烈的反响。实践证明,在学习多种学科知识和专业技能的基础上,然后分专业深造,并使其特长突出。从而培养出社会需要的、多能一专的复合型美术教育人才。

美术教育系这套《美术教育教程》的出版,是全系老师15年辛勤劳动的结晶。较为全面地反映了美术教育系在教学、创作中的成果,也是我院美术教育专业在探索新的教学途径、研究新的问题的最好体现。尤其对有志报考我院美术教育专业的考生以及立志从事美术教育工作的青年提供了一个全面了解美术教育专业的教学、课程设置以及艺术表现技法的难得的机会,这对于他们在艺术方面的成长,无疑会带来极大的帮助。

1997 年 8 月 9 日

培养多能一专的复合型美术教育人才

鲁迅美术学院美术教育系主任　教授　李泽浩

鲁迅美术学院美术教育系自 1982 年重建至今已走过 15 年的历程，这部《美术教育教程》就是全系教师多年心血和汗水的结晶，是全系师生团结奋斗不懈努力在教学改革和实践中共同创造的教学成果，也是美术教育系建设和发展的一个里程碑。

培养什么样的美术教育人才，从建国到现在争论了几十年，随着时代的发展，人们观念的更新，经过全国从事美术教育事业的几代人的艰辛努力，反复实践和不断改革探索，大家逐渐得到了共识，那就是美术教育事业要适应社会主义市场经济的需求，要为社会主义精神文明和物质文明建设服务，就必须培养具有较高思想、文化、艺术素质，德、智、体全面发展，具有美术专业知识技能和多方面艺术修养的复合型人才，如此才能肩负全国各级学校的美术教育，提高全民族素质，造就 21 世纪一代新人的历史使命。

一个国家，一个民族，要振兴要发展，首要的条件就是国民素质，而国民素质又取决于教育的程度、水平和质量。要建设一个现代的精神文明和物质文明高度发达的国家，光靠科学技术的进步是远远不够的，必须具有大批富有想像力、创造力和艺术灵性的几代人的努力来营造，这样高素质的大批人才没有高层次、高质量的艺术教育是决不能成功的，这是多少发达国家发展进程中的共同成功经验。

如何培养多能一专的复合型美术教育人才，关键在于培养人才的课程设置、知识结构，即"营养配餐"。为了培养多能一专的复合型美术教育人才，我们在全国高师美术专业教学大纲的规范要求下，设置了必修的马列主义基础理论课、文艺史论课、文化课等，还强化了教育理论课。专业课设有素描、水彩、油画、国画（人物、山水、花鸟）、小型版画、小型雕塑、书法、篆刻。工艺学科的平面、色彩、立体三大构成最早纳入教学，基础图案（含人物、动物、植物、风景四大变化）、广告设计、室内设计、壁画设计和电脑设计，浓缩了工艺设计各专业学科的精华。摄影艺术欣赏、服装艺术欣赏及各类学术讲座，则是必修课、选修课的必要补充和延伸。

学生在前二年广泛的专业学习基础上，对绘画艺术与设计艺术诸学科有了广泛的接触和了解，对自己的专业爱好和特点有了较明确的认识和发现，后二年再进行重点专业的选修和深化是十分必要的，即在多能的基础上实施一专的培养和训练。因此，多能一专即是师范美术教育的优势和特色。

15 年来的教学成果证明，多能一专人才创造出来的成绩往往要优于单一专业学生的成绩。这里除了老师和学生的自身素质、心态诸因素，单就知识结构这一因素而论，美术教育系的学生因其有工艺设计学科综合的知识和技能，在他们的绘画创作中，融进三大构成的设计因素，画面的构成组合及装饰风格手法，丰富多彩，新颖独特。而在工艺设计的作品里，又因其具有绘画多学科的技能和修养，因此设计思想活跃，观念新，想像力丰富，艺术品位高雅，富有生机和表现力，这又是许多单一设计学科的学生所难以达到的。美术教育系的学生作品，尤其毕业创作和设计，每年在全院的教学大检查和每年一度的全院毕业创作、毕业设计大展中，得到院领导和师生的高度评价，在"美苑杯"和各类大展中多次获得金奖、银奖，并被邀赴美国艺术院校展出，得到美国专家教授和师生的高度赞扬，其奥秘也许就在这里。可见科学、合理的知识结构和"营养配餐"是培养多能一专复合型美术教育人才的重要因素。因此必须对教学大纲、教学计划和安排，予以充分论证和严格界定，并具体落实。

美术教育专业的各学科教学，不能为强调"师范性"而违背各门艺术的自身特点和规律，但美术教育专业的教学更应赋予审美意识的训练和培养，把提高学生审美素质，作为各学科专业训练的最终目的。如在油画训练中，不仅要侧重油画基本知识、基础理论和基本技能的三基教育，还应增加赏析多种流派代表作品，读解各种流派绘画语言，包括抽象艺术语言的教学内容，使学生对油画这种外来艺术有更为全面的认识，真正做到洋为中用。在素描教学中增设速写和短期作业，风景素描写生和室内场景与手、脚的专题训练，增加学生对生活、自然和对象的观察力与表现力，都是教学改革中鲜活的成功之举。我国的美术教育，完全可以在确定培养人才目标的前提下，创造和形成独具特色的美术教育体系。

建构一支热爱美术教育事业，具有高度敬业精神和使命感，具有很强专业实力和丰富教学经验的教师队伍，是培养多能一专美术教育人才的根本保证。对教师的要求既要严格明确，又要充分信任，并给予组织教学的大权。既要求教师必须遵循教学大纲统一的教学目的和要求，即完成体操表演赛的"规定动作"，又允许教师在教学中发挥其能动的积极性、创造性，允许有"自选动作"。而往往自选动作更能体现教师的教学意图并发挥其水平，使各班教学既有统一计划和进度，又各有特色，互相竞赛又互补的生动局面。只有发挥教师与学生的两个积极性和主动性，美术教育才有可能取得成功。

随着我国中等教育由"应试教育"向"素质教育"的转变，随着美育在全国各级学校的普遍实施，美术教育事业面临着前所未有的良好社会环境和发展机遇，我们必须抓住这个机遇，积极主动地将其转化为内驱力，更快更多更好地培养多能一专的复合型美术教育人才。我国的美术教育终于从初中二年级的水平线下挣脱出来，而成为大学必修的热门课程，成为每一个21世纪人才的必备素质，我们的祖国将大有希望，我们的民族必将以崭新的面貌屹立在世界的东方。

1997年7月25日

广告设计教学

黄亚奇

平面广告设计是属现代视觉传达艺术的范畴，在诸多的传播媒体中，广告占有很重要的位置。平面广告设计在现代设计学科中也是一门很主要的课程。广告设计是艺术行为，也是商业行为。可以说，在商品经济飞速发展的今天，现代广告的意义已远远地突破超越广告最初的含义。广告在社会的生活中，在商品流通的促销过程中所起的作用愈来愈显著，并已充当着十分重要的角色。

随着科学技术的迅速发展，商品生产力的日益发达，特别是近几年来，电脑在设计领域的应用，大大激发了广告的活力，丰富了广告设计语言的形式及表现手段，给当代社会带来了崭新的思想理念，并在现代视觉传达领域形成了一股新潮流。新观念、新手段、新技术、新材料的不断开发与应用，给现代广告设计提供了更广泛的设计空间。

一、任务与意义

平面广告作为传播信息的一种重要形式，在现代社会被广泛地应用于各行业，现代人生活在一个广告的世界中，它已成为人们日常生活中不可缺少的重要向导。市场经济的发展，带来广告业的繁荣，广告设计将向更深层次及更高的水准发展，这就给从事广告设计、广告创意者们提出了更高的要求。特别是对培养设计人才的专业院校，如何培养高、精、尖的美术设计人才，是摆在教育者面前的一个首要问题。我们应站在新的角度去审视过去与未来，再以旧的思维观念、落后的教学思想、旧的教学手段来培养未来所需求的设计人才，显然已不符合社会发展的实际需要，这一点对于从事专业美术教育的教师应有一个清醒的认识。

二、教学原则与方法

美术教育系是培养综合性美术教育人才的教学单位，多年来一直坚持开设多门工艺美术专业设计课，平面广告设计是其中的一项设计课程。就其专业设计本身而论，与其他专业设计系的要求是一样的，基本的设计规律也是一致的，但最终目的有所不同，这主要是由于培养人才的目标不一样所决定。设计学科最终培养的是设计家、设计师，是直接服务应用于社会的。而美术教育系培养的是综合性美术教育人才，是美育教育的传播者。它要求的是对学生进行整体素质教育，要求学生的知识更加全面。所以在上专业设计课时重点要明确。一、由于教育系的专业设计课学时短，前后课的连贯性不强，必须要加强专业设计理论的讲解。如广告的演变与发展，广告对社会进步与发展所起的作用，及它的未来发展的趋势等，这些要从理论上给学生讲明白、讲清楚，使学生从认识理解上有一个高度。二、拓宽学生的知识面，使学生对现代设计诸学科有所了解，包括对一些边缘学科、交叉学科的了解和认识，开阔学生的眼界和视野，注重学生多方面知识的培养。三、通过设计实践，提高学生的审美情趣与审美能力，提高学生的艺术鉴赏能力和设计艺术品位，这对于他们将来从事美术教育工作会有很大帮助。

在广告课的开始阶段，学生基本是不知从哪着手，一般都是推着进行，想到哪画到哪，大部分是从局部设计开始，这样既不科学也不规范。另一种现象是过多依赖资料和参考书，东搬西抄，这种所谓的借鉴所创作设计出来的作品，缺乏创造性。所以掌握正确、科学的设计方法，对初学者来说是至关重要的。这个阶段要引导学生从宏观的全局构想入手，要有总体的布局。文字插图、色彩的组合与安排，一定要有总体的大局观。要求学生必须按规定先拿出设计蓝图，一个内容要有多种构思方案，设计、构思要新颖，要有创造性。

三、课程内容与安排

本课以公益广告和文体广告为主，也可根据实际情况选择商品广告和命题广告。在选择内容上给学生一个自由的空间，这样有利于发挥每个学生自身的能力和特点，充分调动学生的想像能力，也有利于他们创造能力与独立思考能力的提高。

第一单元：组织观看录像、幻灯及有关资料，进行市场参观和调查，从思想认识上进入一种设计状态，收集资料及信息，为下步构思打好基础。

第二单元：设计内容定位。设计内容的选择，是学生自身特点、素质、修养及审美观念的综合反映，教学中只能因势利导，不能包办代替，可根据每个学生的特点启发引导树立正确的设计观念，调动学生的想像能力和热情。

第三单元：设计草图阶段。充分发挥学生们的设计灵感，使学生把设计想法，也可能是不太成熟的构思，一并展露出来。这个时期不怕学生的构图不成熟，而是担心学生没有想法。对有发展的构思方案加以引导，进一步地完善深化，包括色彩稿每个构思草图都要拿出几种方案。

第四单元：定稿。在前一单元基础上，最后确定出一个较完整的方案，进行放大稿，这个过程实际也是进一步完善设计构思的过程。因为小稿只是个意图，到正稿有很多东西要具体地去落实。如画面的文字的选择与设计，图形与文字的整体排列与组合，色彩效果的最后调整等，这些都是很关键的。要求学生一定要认真，不能粗心大意，因为这已基本决定了设计的最后效果。

第五单元：广告设计的制作，这是最后一个环节。中国画有三分画七分裱之说，广告设计的最后制作也是同样的重要，要让学生懂得一个设计者要具备很强的构思设计能力，也要有较高的制作水准，精良的制作会给你的设计增添很多色彩，使设计更加完善。

V

VIOLIN

V

严·肃·音·乐 **VIOLIN** 期·待·发·展

小提琴演奏艺术研讨

　　这是一张创意较成功的广告。作者的设计意识较强，主题明确突出，幕布、小提琴、文字的组合及对称的构图都给人典雅的美感。红与绿色的组合，文体的选择，大小、长短的排列都是精心策划，视觉上很合理。大面积的空白，给人以无限的联想空间，加强了音乐的魅力。

点评：黄亚奇

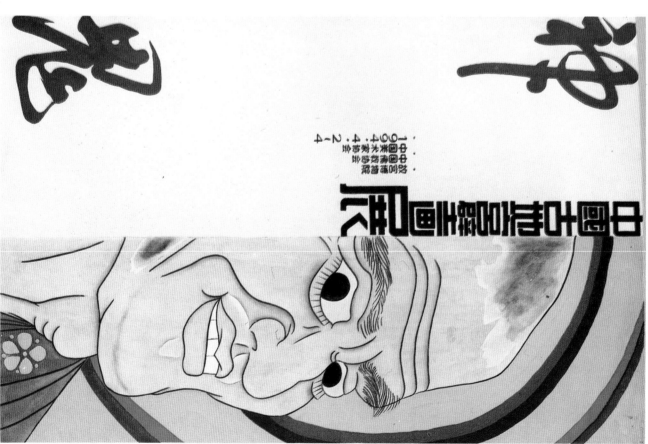

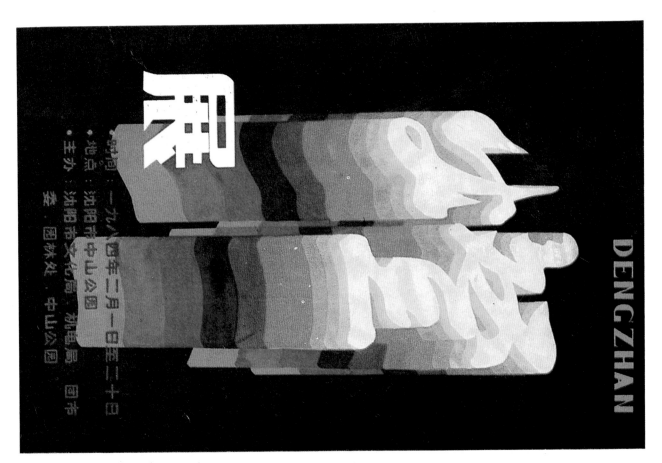

灯展 DENGZHAN

・时间：一九八四年二月一日至二十日
・地点：沈阳市中山公园
・主办：沈阳市文化局 机电局 园市
　　　委 园林处 中山公园

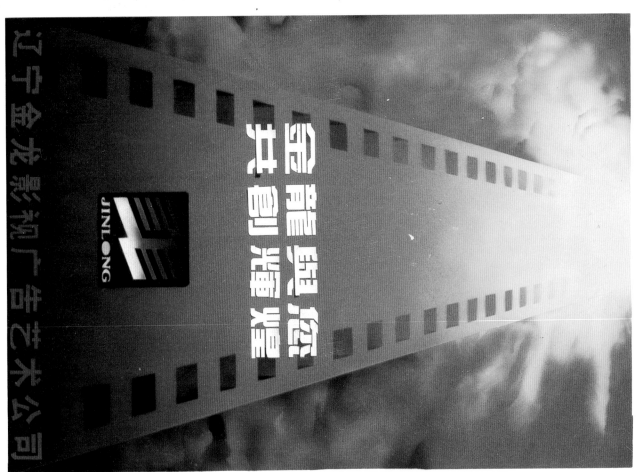

金龙與您 共創輝煌

JINLONG

辽宁金龙影视广告艺术公司

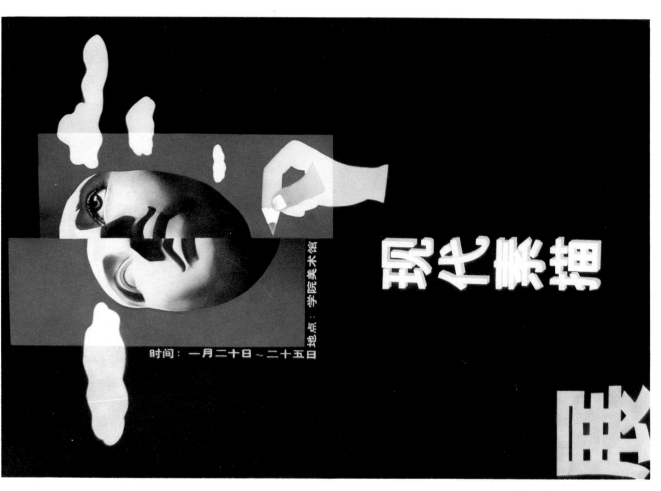

献给您温馨的祝福

梦之花

禮品店

地址：沈阳市和平区中华路214号
经理：孙志毅
电话：3873560

　　"献给您温馨的祝福"，这一高雅亲切的广告语，准确表述、传达了所要宣传的内容，广告中形象、文字的组合及表现形式都是比较成功的，红颜色的地子，白色的汉字，一目了然，明快大方，花与色带的虚实处理，把你带入花香怡人的世界。

点评：黄亚奇

莎士比亚戏剧节

SHA SHI BI YA XI JU JIE

现实主义戏剧大师
时代的灵魂
绮丽生动精炼的文笔
真实与幻想的巧妙结合

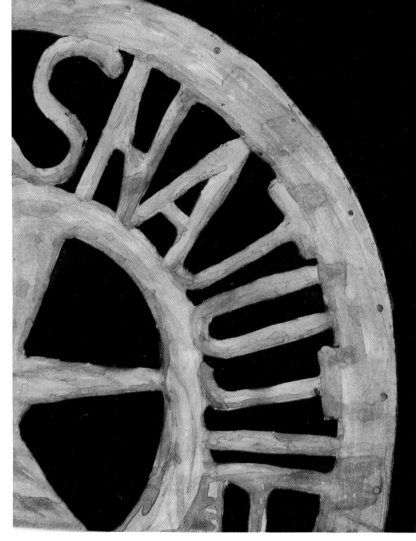

LUOMIOUYUZHULIYE HAMULEITE LRERWANG HENGLIWUSHI

戏剧艺术真谛的展示
时间：94·8

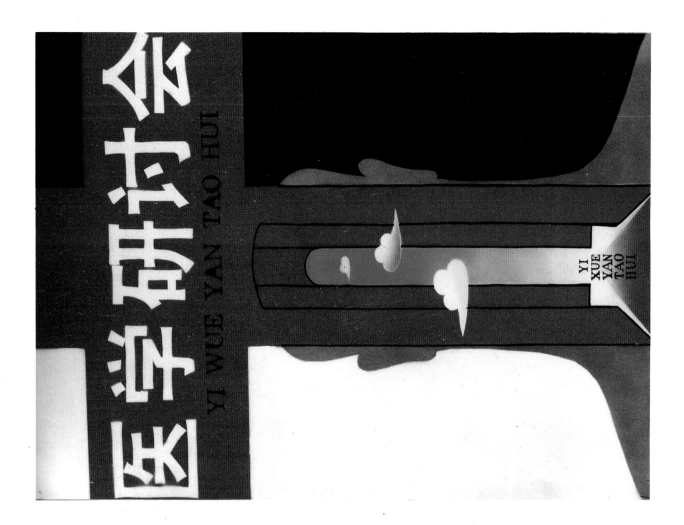

医学研讨会

YI WUE YAN TAO HUI

YI XUE YAN TAO HUI

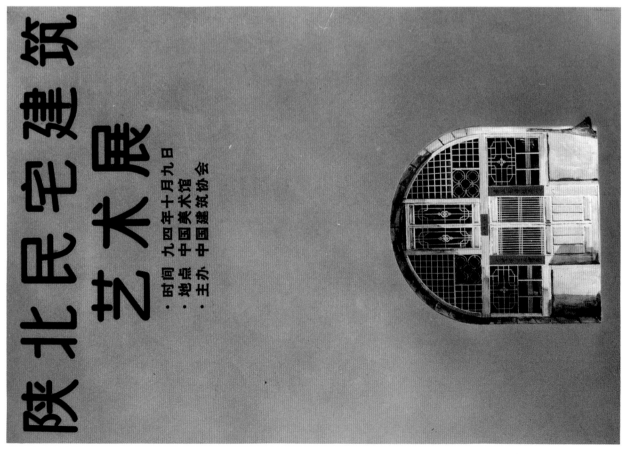

陕北民宅建筑
艺术展

· 时间 九四年十月九日
· 地点 中国美术馆
· 主办 中国建筑协会

老式汽车精品展

时间：94年4月15日
　　　—4月20日
地点：辽宁工业展览馆

绅士风度 智者的选择

红星台球桌制造厂

地址:辽宁省抚顺市新抚区东四路4号
NO.4 Eastern Fourth Road Xin Fu District Fushun

POND'S
SKIN CARE CREAM RANGE

旁氏护肤霜系列

旁氏护肤霜系列
·旁氏润肤霜 (中性及油性皮肤适用)
·旁氏爽肤霜
·旁氏润泽润肤霜 (添加外线配方)
·旁氏即力嫩肤霜
·旁氏润肤霜 (中性及忧性皮肤适用)

甲壳名育上海零优科研公司
上海市金沙江路110号

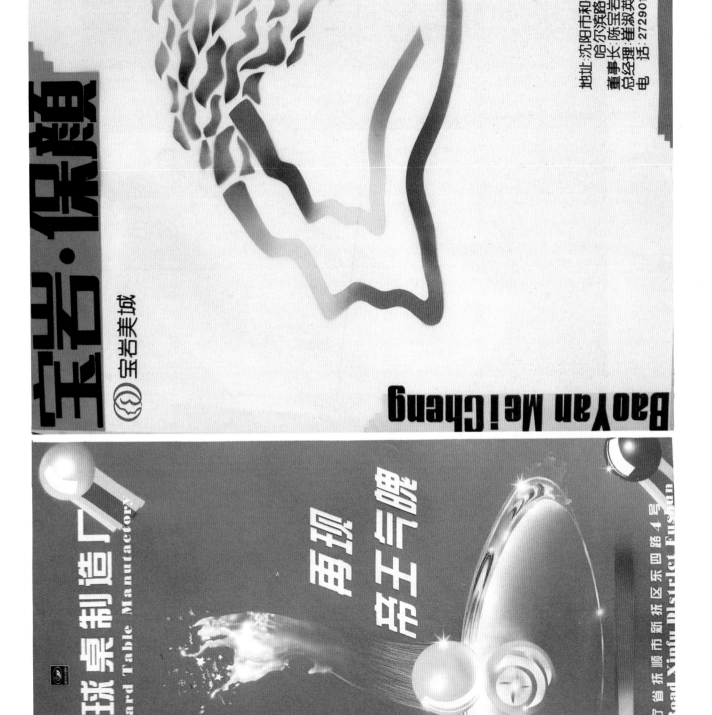

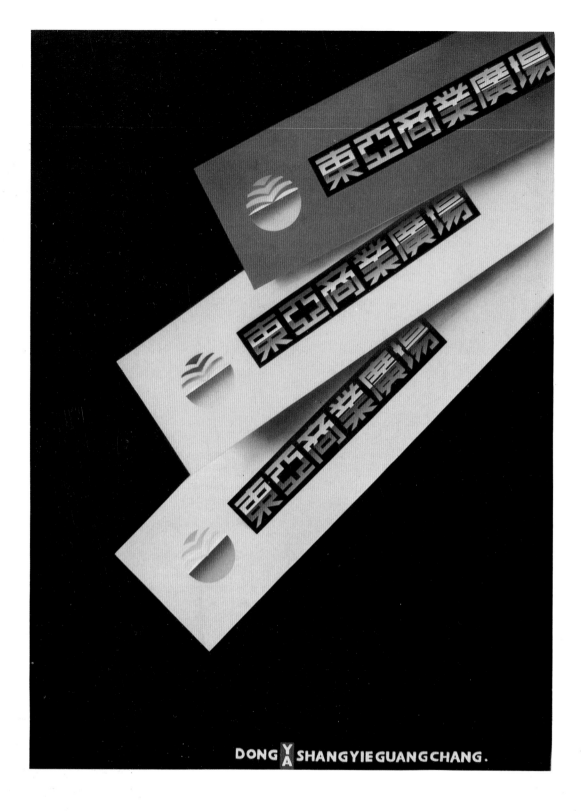

DONG YA SHANGYIE GUANG CHANG.

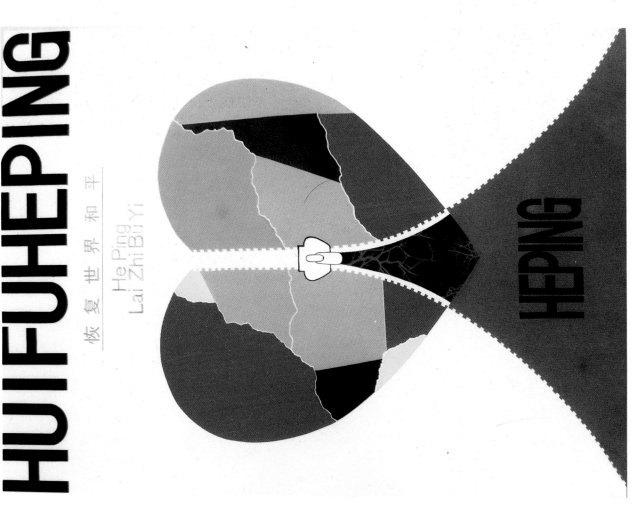

中国首届动画研讨会

地　　点：中国·北京
主办单位：中国动画研究中心
　　　　　剑桥工作室

强者于他的外表
著 YOUR 加 THE WORD
精神凌驾

世界残疾人纪念日
LOVE IN THE WORLD

主辦單位
中国文化部

賛助單位
日本株式會社

時間
一九七七年七月

地址
北京劇院

強弩之后
即顯英雄
本色

红星口球桌
伴你成功之路

紅星台球桌制造廠

Hong Ying Billiard
Table Manntactory

地址：遼宁省撫順市新
撫區東四路4號

No.4 Eas am Fourth
Road Xinfu Distrlct
Fushun

電話：0413-1234567

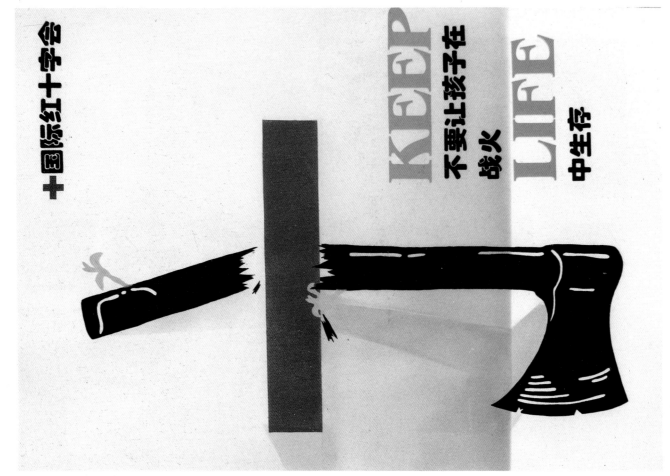

中国际红十字会

KEEP
不要让孩子在
战火
LIFE
中生存

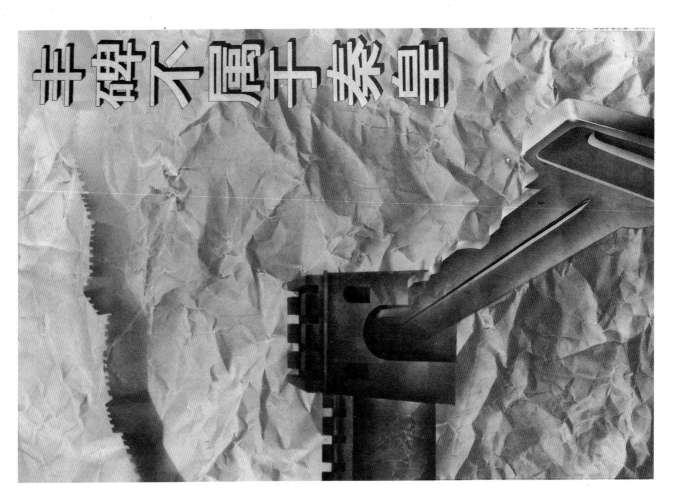

HONG XING
BILLIARD TABLE
MANUFACTORY

红星 台球桌制造厂

辽宁省抚顺市新抚区东四路4号

NO.4 EAST AM FOURTH ROAD XIN FU DL STR LOT FUSHUN

如果没有了……

我们的地球……

SAVE PPOTECT THE SOVFCE OF WATER

DON'T SMOKING

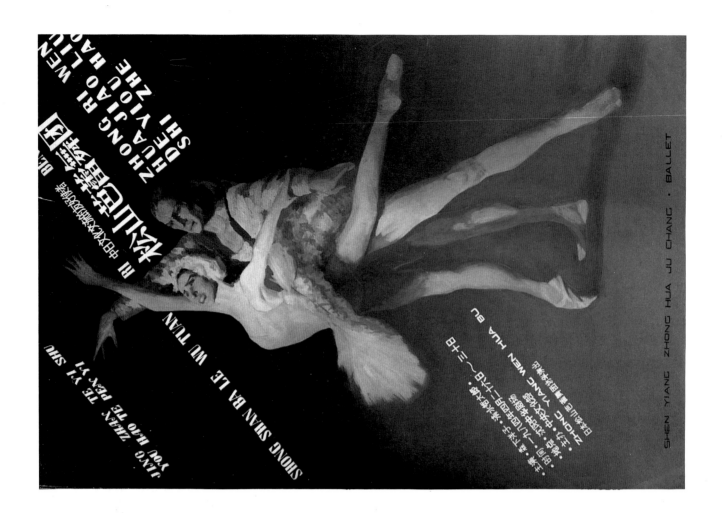

SHEN YIANG ZHONG HUA JU CHANG · BALLET

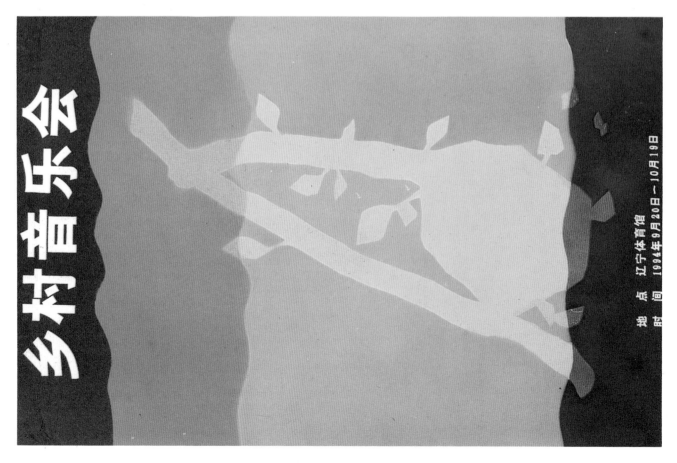

克星

康复星

治疗冠心病之良药

福星制药厂
地址 沈阳和平区三好街50号
电话 200774

一击就中

睡虎地秦墓竹简陈列展

时间：1994年4月—5月
地点：辽宁省博物馆

主办单位：
辽宁省博物馆
辽宁省委宣传部
辽宁省文联

心中的形象

安東民間剪紙巡回展

時 間 '94.9月3日 9月8日
主辦單位 丹東市文化局
展出地點 丹東市群衆藝術館
承 辦 丹東市民間藝術協會
劍橋力群藝術工作室
協辦 丹東市群衆藝術館
協會館長

慶祝雅蘭開業38週年

AIRLAND 雅蘭

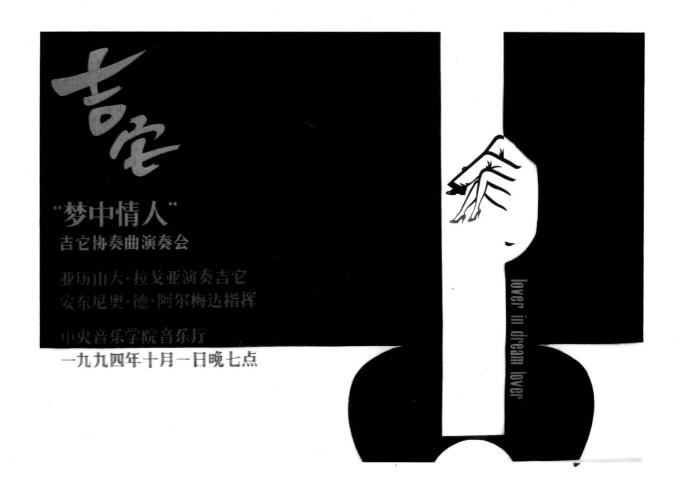

冲出亚洲踢向世界

风云再起英雄逐鹿

奥林匹克之神永远把光环献给
竞技场上的王中王冠中冠
21世纪跨越世纪的历史瞬间
足坛辉煌时代

举办城市 中国沈阳城隆重举办 时间 2002年5月7日
第十七届世界足球锦标赛亚洲区预选赛决赛阶段盛大推出

仿古饰品 95'4 展

辽宁历史博物馆

欲 与 天 比 高

ROYAL

TOMATO SAU

中英合资企业

绿色食品 皇家食品

这是张常见的较通俗的广告，其成功之处是较自然朴实，不做作，简练、醒目、不繁杂，喷绘的效果也很精细，广告的描绘制作也较成功。

点评：黄亚奇

其外立面效果图利用浓重的深蓝色，奔放的笔触，强烈地描绘出建筑体明快的形象，突出了主题思想，选用灰色刻画出地面，构成了画面的黑白灰三者关系。在整体关系形成后，利用精到的笔触，深入刻画细部。

点评：宋恩军

野炊院门面设计
海蓝米特丽限公司 盆与绿9·12·3

1994 10.19 FZH

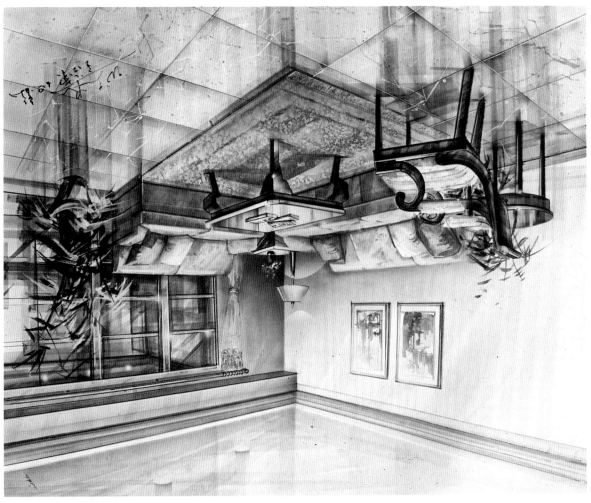

CI 设计教学

宋恩军

CI 产生于市场经济，从"以产定销"的生产导向时代向"以销定产"的市场营销时代全面过渡，同时意味着市场空间日趋饱和、拥挤，供需双方进入周期性供大于需的动态平衡状态。消费者需求日益复杂多变，市场竞争愈演愈烈，迫使企业界的主要经营管理者，逐渐从陈旧过时的企业观念和产品观念中觉醒，开始认识到现代市场条件下，企业形象已经成为市场竞争的焦点。导入 CI，塑造良好的企业形象，已经成为增强市场竞争能力的重要保证。

CI 作为一种运动，50年代源于欧美，70年代在日本迅速兴起，80年代被港台所引进，80年代末期出现在我国大陆和沿海开放地区。因此这种运动的兴起是与经济发展水平有着密切联系的，所以 CI 使企业与产品、产品与市场、市场与消费者、消费者与企业形象、企业形象与美术设计师、设计师与企业之间的联系方式，由平面的设计形式开始向立体的空间发展，从而使企业的统一视觉符号系统——标志、标准字体、标准色等等，再通过大众传播媒介将这种形象系统循环往复、潜移默化地注入消费者的心中，使消费者在购物中遵循"名牌印象"，这便是 CI 的使命。

一、教学目的与要求

在教学中，启迪学生的审美意识，帮助学生正确地、系统地、全面掌握 CI 的整体过程。结合设计，重点强调 VI、视觉识别设计。

CI 是企业形象（Corporateidentity）的英文缩写，其概念包括：MI（mind，identity）企业理念规范——BI（Behavior. identity）企业形象规范——VI（Visual. identity）企业视觉识别规范三方面主要内容，其统称为 CI，只有完全导入 CI 之后，已成完整系统的才应称其为 CIS。

作为一个企业如何导入 CI?导入 CI 后又应注意哪些问题?应该在教学中使学生明确地认识到：

1. 公司（企业）导入 CI 的基本经济规模，其次是这个企业的整个市场接受能力如何，再次是它本身能否具备一定的实力，来作其他项目的宣传。有很多企业根据自己的情况，考虑作视觉 CI 部分，没有作 MI，规模会变成很小，不会形成总体的战略，只是简单地作产品部分或定位部分。

2. CI 策划人员应具备哪些素质?

① 观察力。需要灵敏、仔细，具有深远的洞察力。

② 分析力。要科学地进行市场调研，掌握足够的数据，进行推理论证。

③ 沟通力。能否有力地在自己创意中将本公司策划的优势充分表达出来，使客户欣然接受。不会沟通，就没办法

接触客户，没办法了解企业的需求，没办法掌握这个企业关键问题的所在。

同时要求学生具有广泛的知识结构，博学多才。例如要作 MI 就要懂经济学、市场学、调研学、企业管理学等，要作 BI，就要懂行为规范、礼仪规范、公关学及市场营销学等……要作 VI，那么就必须懂平面装潢设计。

（3）为一个企业作 CI 设计的具体方法与程序。

企业导入 CI，都要成立一个 CI 委员会。因为 CI 是一个工程。首先要作 MI，也就是企业战略；第二是作 VI（视觉识别）；第三是作 BI。BI 有两个部分，一是作行为规范，二是作市场营销推广部分。CI 的过程要比其结果更重要。

伴随着商品经济的迅速发展，新学科、新领域不断地拓宽，使学生在短期内对 CI 体系有一个全方位的认识，了解 CI 的起源与过程，为今后在社会实践中帮助企业导入 CI 打下良好的基础。

二、教学原则与教学方法

在教学中通过放幻灯、查阅资料、市场调研掌握第一手资料，了解国内外优秀企业的成功之处加以分析和讲解，引导学生有目的有计划地进行课堂训练，重点部分（VI 视觉识别），深入剖析。

例如50年代，美国 IBM 公司总裁的远见卓识使 IBM 成功地导入了一整套 CI 管理系统，从此 IBM 便成了美国的骄傲——世界先进科技的象征，CIS 成功的典范。50年代保罗·兰德（PaulRand）所设计的标识字，是黑体字的变形，在视觉上具有强烈的冲击力，并有良好的易读性和可视性。但随着电脑时代的进程，为强调企业的品质感与时代感，1976年保罗·兰德又设计变体标志以表现时代感，共有8线条纹与13线条纹两种，粗细线双钩及反白设计5种，共有8种表现形式。1978年4月起为了统一企业形象，规定以条纹标志为标准形，并把这个标志展开使用在所有应用项目上。

未设计前的公司全称：

INTERNATIONAL·BUSINESS·MACHINES

设计后的标准字体：**IBM** 保罗·兰德（Paul Rand）所设计的标识

经过作品分析，进一步了解 CI 的过程。根据美术专业的特点，我们将 VI 设计进行单一的基本练习，归纳 VI 的基本要素：

- ·企业名称的命定；
- ·企业标志与品牌标志；
- ·企业品牌的标准字体，专用印刷字体；
- ·企业标准色彩；
- ·企业造型（吉祥物）与象征图案；
- ·企业宣传的标语与口号；
- ·市场行销报告书……

应用要素：

- ·企业办公用品、器具与设备；
- ·企业旗帜招牌、标识与导向牌；
- ·宣传橱窗、布告栏；
- ·交通工具、企业建筑与外貌；
- ·企业服装（广告 T 恤等）、胸徽、胸牌；
- ·产品造型、产品及礼品包装用品；
- ·陈列、展示与广告媒体传播……

它们是一种通过具体形象直接、明确、快捷地向社会传播企业精神的方式。

除此之外，标志在企业识别中，作为可视图形，它是企业精神的缩影，它围绕事物的内容、性质和目的，把一些抽象的含义和概念用定义的、明确的、高品位的、具体可见的造型、图案表达出来。

标志设计的形式：

1. 以汉字形式为主的商标标志；
2. 以拉丁字母为主的商标标志；
3. 以图案为主的商标标志；
4. 文字与图案相结合的商标标志。

无论选用何种形式来设计标志，都要简洁、明快、易认、易记、易懂，并能体现企业的精神活力。还必须具有可识别性、国际性、系统性和延伸性。并以美的语言和美的形式法则来表达出企业的精神品位和产品品质。

三、题材的选择与作业要求

进行了系统的分析后，为了使理论能够赋之于实践，教师首先对学生进行命题训练，引导学生进行市场调研，深入剖析，然后从企业形象入手，作 VI 设计。学生根据具体要求每四人为一组，各选择不同的题材，将 VI 的基本要素尽可能地全面反映出来（内容不准少于50种）。单项制作可选择手绘形式，电脑制作，及时贴剪贴形式都可以。最后将完成的作业装裱在一张全开纸上。每人按要求完成平面设计外，还要写一份导入 CI 报告书。

经过一个半月的课堂训练，使学生清楚地认识到，视觉传播设计已不再是可有可无的装饰设计手段了。单一媒体的设计表现已成为历史，全方位、系统化、立体化的时代已经到来，导入 CI 势在必行。因此摆在设计师面前的任务将会是更高、更难、更艰巨。

基本设计以标志开发为主题，围绕设计方案展延、其效应性并由这几个基础人图下深刻的印象，图里作的标准展现店的性质和其视觉收重造用与天写字母为关，并以波浪来用象形海底店的内涵，连用造几种颜色，给人以雅致感受，又形象，产生了极强烈的动感，代表了尽此廉之向上的内在精净。

设计：朱国吉

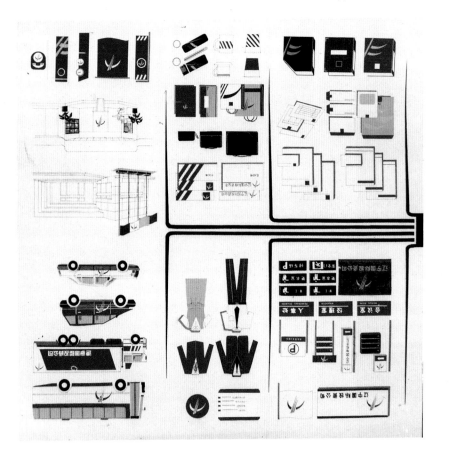

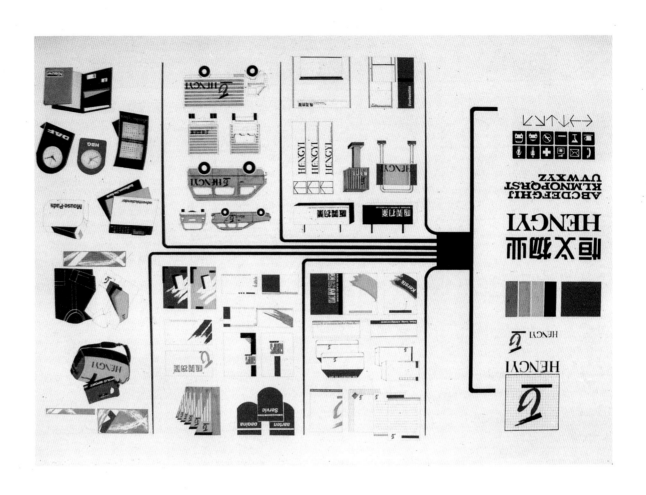

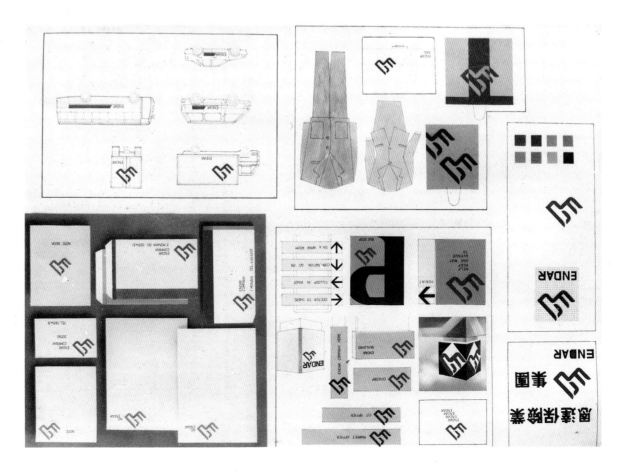

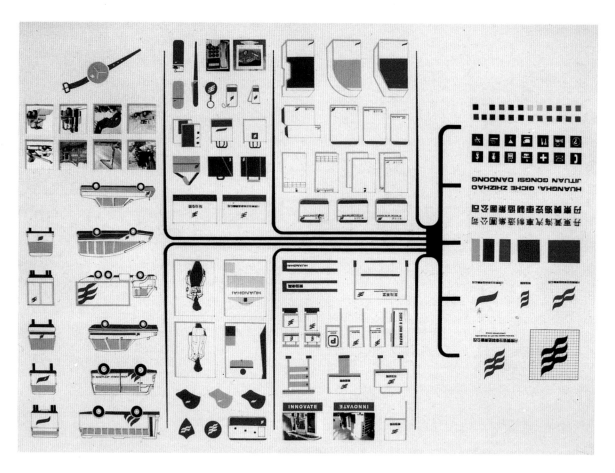

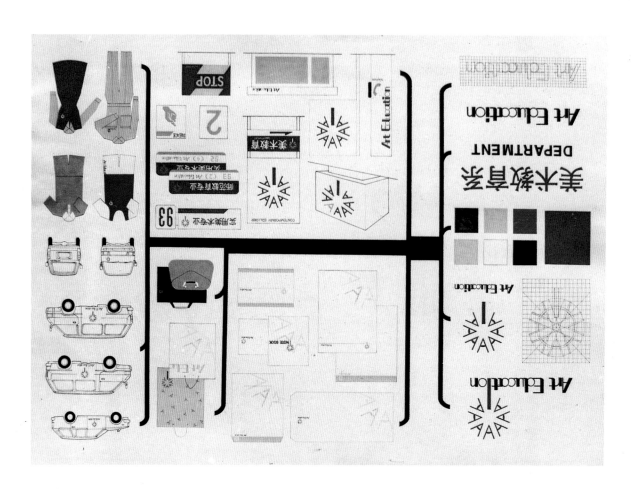

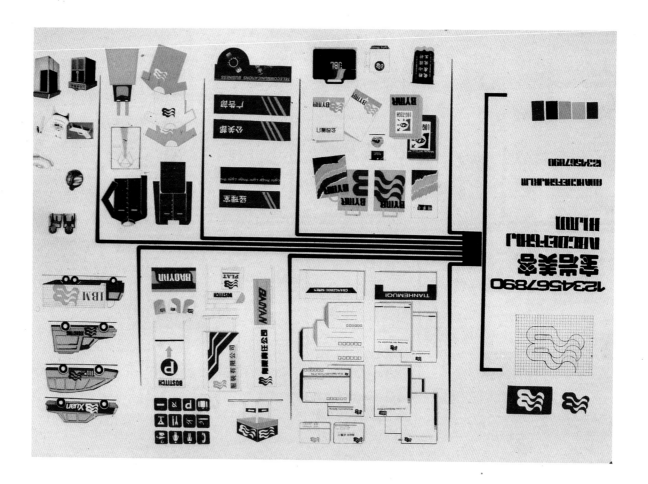

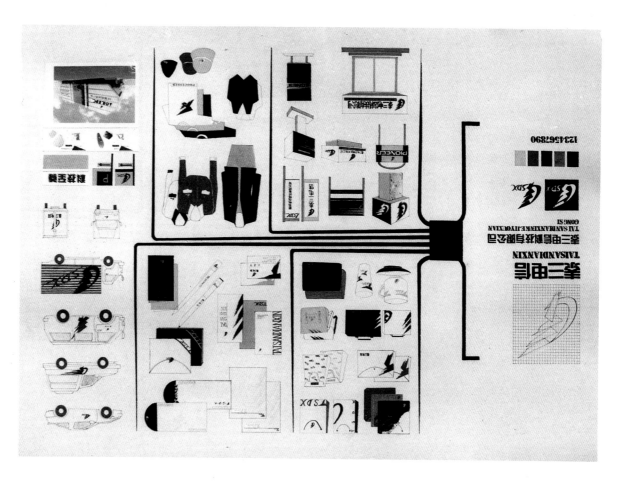

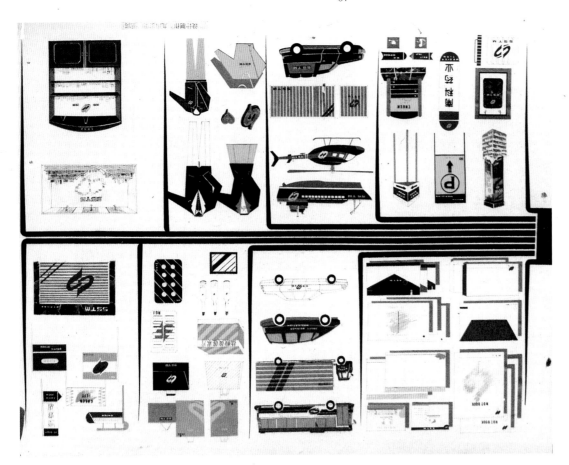

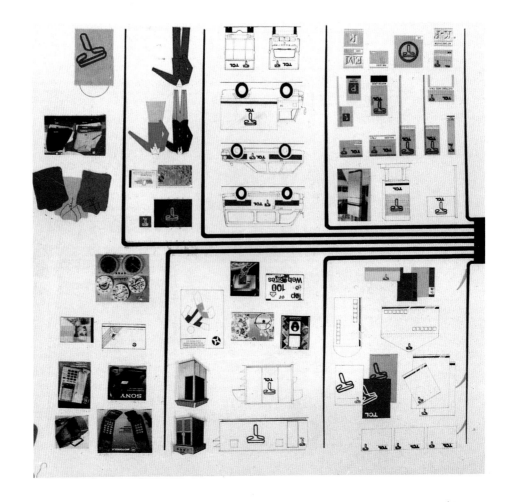

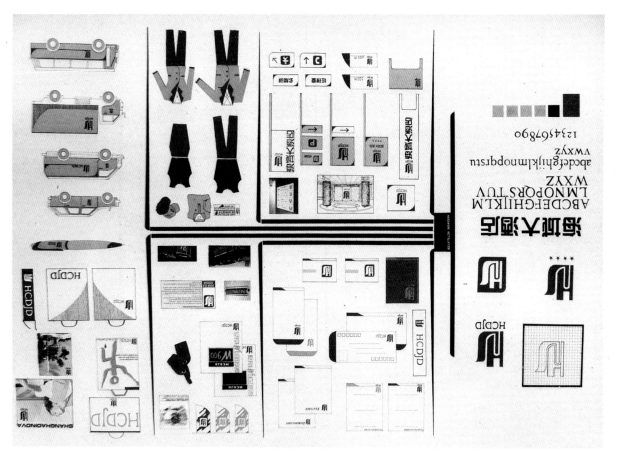

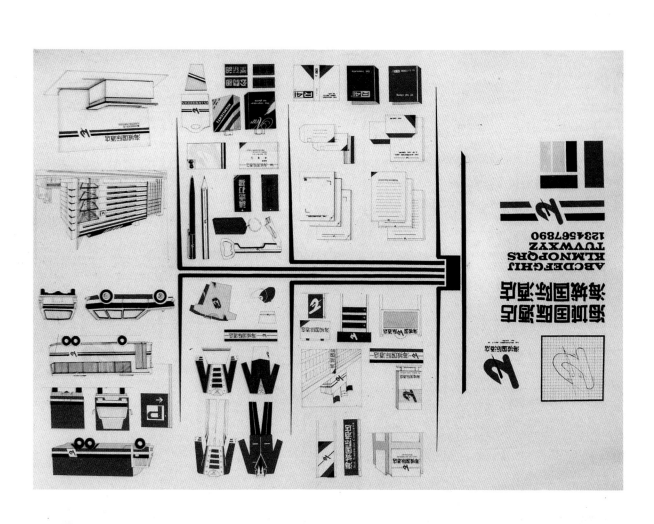

其设计定位以标志为基本。标志的内容较好地反映了公司的品质，具有一定的稳定性和精密性。在形式上利用立体的阴影关系造成了强烈的视觉冲击力。随着标志的完成，进入厂旗、厂徽、信纸、信封、服装等 VI 部分的整体策划。

点评：宋恩军

责任编辑：原守俭

鲁迅美术学院美术教育教程
平面广告·CI

出版：黑龙江美术出版社
社址：哈尔滨市道里区安定街 225 号
邮编：150016
发行：黑龙江省新华书店
印刷：哈尔滨市工大节能印刷厂
版次：2001 年 2 月第 1 版
印次：2001 年 2 月第 1 次印刷
开本：889×1194mml/16
印张：4　图 89 幅　字 10 千字
印数：5000

书号：ISBN　7-5318-0883-8/J·884
定价：20.00 元

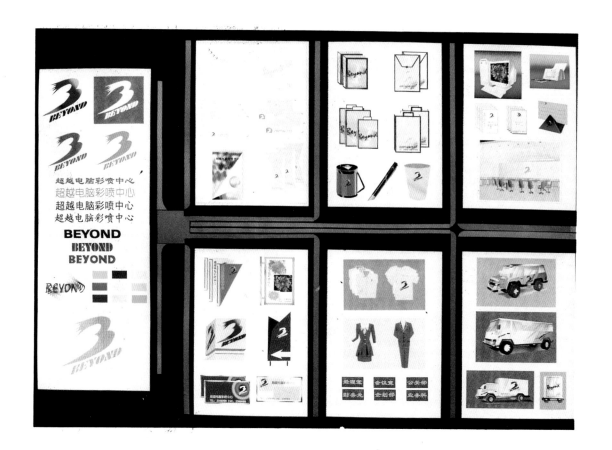

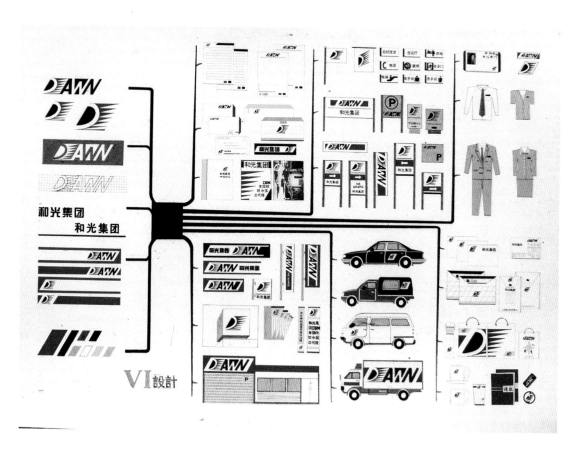